Henna

Henna

Henna手繪
召喚幸福的圖騰 2
完美婚禮的
祝福系蕾絲花紋

HENNA 手繪：尋找幸福的青鳥

美容教主——牛爾

很高興我的二嫂——也是引領台灣指甲花彩繪的第一人，她又出書了，繼第一本書——《HENNA手繪召喚幸福的圖騰》獲得市場的成功之後，她再接再厲，受到無數讀者與粉絲的鼓勵，終於推出這本新書——《HENNA手繪圖騰2：完美婚禮的祝福系蕾絲花紋》。不僅推薦給即將步入禮堂的妳，也推薦給所有對指甲花彩繪有興趣的人。

近來我們的社會充斥著一股低氣壓：輕生、暴力、冷血、漠然、憂鬱、政治惡鬥、霸凌……打開網路或電視，每天都看到或聽到這些令人不快的事情，這些負面能量讓人也變得情緒不好，連小小的擁有快樂與幸福有時都會覺得奢侈，相信許多人都能認同，即使擁有金錢、名牌包包，再多物質的滿足，也不代表就能夠擁有幸福與快樂。

其實，要尋找幸福的青鳥，方法很多，答案往往就在我們的身邊，有愛自己的家人、朋友、寵物；感覺無助、孤獨的時候，看看書，跑跑步，聽聽音樂，泡個香噴噴的精油澡，或是為自己上妝，讓自己氣色變好……當然，妳也可以透過指甲花彩繪，培養自己深藏在心底的藝術渴望，或者，直接照著書中的圖騰依樣畫葫蘆，也能夠讓自己心情平靜下來，阻隔煩囂俗事的雜念妄想，看著自己的手繪作品慢慢浮現，就如同將幸福與快樂的種子種下心田，漸漸發芽、成長、茁壯，而能越來越感覺歡喜自在，就如同我的二嫂一樣，自從她沉浸在指甲花彩繪的世界之後，也彷彿找到屬於她的幸福方程式。

擁有幸福其實不難，只要妳用對方法，並堅信自己有資格與能力擁有它……妳感覺幸福嗎？如果沒有幸福的感覺，那麼我衷心的推薦這本書給妳，相信妳一定可以藉由實踐手繪HENNA找到真正的快樂與幸福。

A型水瓶座奇男子，小時候因受母親銷售化妝品的影響，對保養品充滿好奇心，十二歲時開始使用保養品，並開始自行將家裡廚房材料調製成面膜使用，自醫學院畢業後便開始踏入美容界，至今已超過二十年，目前為自由作家及Naruko品牌創辦人。

圖騰一世界
指甲花開拓你無限想像視野，啟開你自我的感動！

台北印度愛樂中心 執行長——吳德朗

典故＆傳統

印度人將HENNA具象和抽象自然巧妙溶為一爐的藝術，HENNA充滿了理性和感性的智慧，是印度文化藝術百花園中綻放的一朵奇葩。

HENNA人體藝術用於草本藥及裝飾藝術的歷史，超過了5000年以上，HENNA也是青銅器時代的染料，據説古代「埃及艷后」亦以HENNA作為裝飾。

印度3800年前吠陀時代，已出現使用HENNA的描述，它最初只用於女性的手掌，之後才有男性HENNA，將HENNA畫上太陽符號，象徵喚醒內在的靈光「awakening內在的光」的正向能量之吠陀傳統。

HENNA源於阿拉伯語Hinnā被認為是一種草本植物。HENNA用在人體上印度彩繪稱為Mehndi，如今在歐美則稱作HENNA。

HENNA的起源眾説紛紜，比較合理的版本HENNA起源是在炎熱的沙漠中，意外的發現HENNA葉子有助於人體降溫，特別在手和腳黏貼或浸泡時，又有舒筋活血之功效，簡直令人爽呆了！

在古老HENNA不僅是為富人流行的裝飾，貧困的農民買不起珠寶，用它來妝點自己的身體是最實用的裝扮。

隨著時間的推移，這種實用作法演變成精緻的線條和圓點畫上了手和腳全方位的人體藝術的形式，當然它仍然是非常實用的草本植物。

印度指甲花HENNA是印度婚禮最隆重的儀式和慶生，宗教節日等重要的活動項目。也是代表祝福與幸福，是印度古老的傳統的一部分。

摩洛哥人在家居門畫HENNA，希望可帶來繁榮和趨吉避凶。印度HENNA採用精緻設計，及多花邊的花草圖案，而阿拉伯指甲花通常是由大花香和藤蔓圖案為主。非洲指甲花藝術是以更大膽的幾何圖形來表現。

現今狀況

就在上世紀90年代初，HENNA的彩繪藝術在美國相對不為人知，只被視為「異國情調」的圖騰，近年來透過印度和巴勒斯坦中東在海外移民默默無聞推廣。今日，HENNA和紋身相較，沒有疼痛，變化多端，又容易上手。歐美在懷孕腹部彩繪，也有

因經過化療，疤痕上偽裝，使人們無法察覺等用途，HENNA套件在歐美工藝品商店和網路商店上廣泛銷售。

　　隨著歷史的傳衍，物換星移，各地不同宗教文化的意蘊和禁忌，民間風俗完全反應在各地的HENNA產生出不同圖騰的美學經驗，深入學習HENNA藝術，是了解異國文化最令人愉快體驗的介面。

　　陳老師經年累月長期鑽研HENNA，熟練各種圖騰，自由自在地揮灑才藝，從傳統中創新，打破侷限性將HENNA置入不同的物件，建立自我風格。縱情於無限的HENNA天空，平添快意人生。

即興的藝術

　　印度的HENNA其表現的理念有如印度音樂的Raga理念，注重情境的即興表現，同樣的Raga在不同的時空時序，表現出差異。當然，HENNA有其固有的基調。但如同Raga它賦有豐富多彩的創作精神是一致的。

　　每一個創作或風格皆有脈絡可尋，但都是即興之作，沒有草圖，順應著身體結構，如行雲流水，如成長的藤蔓和生命之花，全憑HENNA藝術家的知感及審美觀的巧思。

　　當然，在特定的婚嫁、節慶、宗教禁忌不同的個案，彩繪師和客戶之間的溝通及理解，是被尊重的。

淬鍊

　　自從2012年，陳老師加入台北印度愛樂中心的志工團後，得以和印度來的藝術家面對面接觸，學印度舞、看印度電影，聽印度音樂、赴印度旅行、上印度文化的相關課程，更肯定她對印度文化的迷戀。通過各種經驗文化的旅行探索，差異欣賞，使她對HENNA文化有更多的理解。她倔強倨傲的好奇心，喜歡理智放縱的人生成長的經驗，反映在她對HENNA文化的內心體驗與視覺藝術結合，形成了她追求永無止境的HENNA異想世界的最大動力。出書、編輯、分享反映她的生活經驗，也圓了陳老師年輕時耕耘的夢。

　　歷經第一本《HENNA手繪召喚幸福的圖騰》出書後，受到廣大讀友的鼓勵，她愉

快地蜿蜒旅行、探索，多方面沉思，開心的和同行交流。她看見HENNA不為人知角落和縫隙，從無窮盡的幾何線條找到靈感的奧秘。因此，她的技能在不斷挑戰中擴大。他的概念變得更豐富，更完整。創造更多的HENNA藝術風格和主題表達她HENNA手繪無盡的愛。

自2012年以來，她的HENNA藝術作品可以在背包、手機、珠寶盒、杯盤，和各式各樣的飾品、生活用品物件上發光發亮，受到歡迎更帶給她很大的快樂和成就感。

創新

當然，如果僅僅在傳統上著墨，對HENNA向海外發展，還是會有侷限。陳老師毅然決然開始研發「白色HENNA」，從傳統的「黑色HENNA」中再出發，並定位在新娘白色HENNA的市場。

從原本印度Mehndi黑色的基調，以西方及日本結婚白色意象為佈局。使原本傳統的黑色因多了白色，成為放諸四海皆宜的風采。

今天，歐美市場已出現了白色的指甲花或黑白配對，顯然和Thaneeya Mcardle的錯綜複雜的和艷麗繪風更受世人的喜愛，特別是在新娘彩繪的領域，嚴然成為當代HENNA新主張。在歐美，HENNA已逐漸成為私人各式各樣的party及公共藝術中最受歡迎之活動。

通過跨文化的連接，使HENNA藝術，跳脫了宗教及國族標籤，獲得更多人的認同，產生的古老和現代實用主義複合的新HENNA文化。

陳老師的人生歷練，和她無止境的學習過程，及她「創造性轉化」之努力，相較於一般一元式思想創作模式，往往是柳暗花明令人驚嘆！

結語

印度前總統卡拉姆博士（Dr Abdul kalam 1931年至2015年）常言道：「所謂夢想，不是你睡覺時夢到了什麼，而是想到了什麼令你激動得沒法睡覺」我最喜歡追求夢想的人，特別是起而行，始終懷揣不捨不棄的夢想藝術家。身為印度追夢人，理當為陳老師這本好書推薦寫序。

吳德朗

自序

與HENNA的相遇

　　從印度舞同學介瑾手上接下那支HENNA cone，開啟了我通往印度身體彩繪之路。

　　生活變得多采多姿，同時也開啟了藏在我內心裡的另一個我。從小我就喜歡古老，具歷史特色的老東西，也一直覺得我是從另一個時代飛越時空來到現代。接觸印度舞後，開始想要去了解印度的風俗人文，2013年跟隨吳德朗老師上了一期的印度講堂——不可思議的印度。讓我更加了解印度人是怎麼想一件事情及印度人的邏輯觀念，這對於我畫HENNA時，由「心」出發會更加落實及抵定的那種感覺是很有幫助的。

嚮往的婚紗工作

　　著手編輯關於婚禮圖騰的書，就要說起我人生的第一份工作：

　　1981年稻江家職畢業後，一心嚮往婚紗的工作(當時婚紗正在台灣開始蓬勃)。當年台北婚紗的發跡地，幾乎是昆明街、龍山寺一帶。在那青春年華的日子，從踏入婚紗的製作開始，因為我身材高挑，每當完成新款婚紗，都讓我試穿。不到二十歲，成天在婚紗中打轉，雖然是我嚮往的婚紗工作，可是我卻不甘於每天埋首在——車縫白紗中度日，所以我轉向婚紗門市發展。

　　當時我任職於哈佛攝影禮服公司，平時光鮮地為客人推薦、試穿婚紗禮服，每週輪值一天在樓上老闆家中，用手清洗所有歸還的禮服。冬天寒流來襲放溫水洗滌還被罵。每天工作十二小時，月休兩天(不許休週六、日、國定假日)，空暇沒客人時，要縫珠片、修補衣服………。對於當時年輕的我，羨慕那些可以在假日休息、玩樂的同學們，加上工作夥伴無端被辭退，我義憤填膺也跟著遞辭呈，就這樣永遠地離開了婚紗夢。

自學HENNA符號＆邏輯

　　從小就喜歡蕾絲編織，蕾絲對我而言，只是學會認識一些基礎符號並且編織，當這些符號交雜在一起時，就產生不同的美麗圖案，如此一點一點看著編織書慢慢摸索研究，發展出編織的能力。在找不到HENNA相關書籍的同時，基於這樣的邏輯，我將HENNA圖騰拆解成一個個基礎符號，將每個符號分門別類整理，學會基本符號，以不同符號組合在一起，就產生不一樣的圖騰。就這麼一點一滴，開始製作講義，希望有興趣的人可藉此學習、上手，慢慢創作出自己的專屬圖騰。

　　從此，我栽入HENNA的土壤裡，一點一點茁壯。謝謝出版社願意將講義出版成書，《HENNA 手繪召喚幸福的圖騰》成為我的第一本書，也開啟了我不一樣的人生。

客製化的專屬圖騰

印度圖騰是婚禮中祝福的圖騰，新娘帶著祝福的圖騰嫁入夫家，祈望得到公婆、丈夫的疼愛；婚姻美滿幸福；早生貴子。

看似簡單的繪製工作，彩繪師與被畫者之間都有著一股奇特氛圍。彩繪師必須屏氣凝神專注地畫，被畫者專心的看著圖騰在身上展開，那份專注的力量凝聚著祝福的傳遞。這份祝福傳遞於無形，被畫者一定能感受到微妙的感覺，也許是喜悅，也許是平靜，更或者是從沒有的感動。

從我拿起HENNA cone幫別人畫上圖騰以來，常有特別的事情發生：
有時是被畫者畫完後告訴我，她感到從沒有的寧靜感覺。
有時是被畫者的好福氣讓我感受到，畫起圖異常的順暢，完全不經思索就能一直往下畫。
有時是被畫者說著自己的故事，就在聽著故事的當下畫著，完成的圖騰中有敲到被畫者的心。
有時被畫者完全沒說話，我就感應到她不喜歡的圖，當下更改原本腦海中預備畫的圖。
有時……
我從不鐵齒，也不迷信。
但，拿起HENNA cone就真的遇到好多奇特的事情。

幸福的傳遞有很多方式，我相信畫著圖騰，就能將幸福傳遞出去。因為在開始畫之前會先做溝通，在畫的當下，被畫者要放下心，將自己身體一部份區域交給彩繪師去作畫，當下是種和諧的放鬆、信任，彩繪師藉由彼此言語、身體的溝通，畫上讓被畫者滿意、開心的圖，幸福就在筆下傳遞出去。

所有的HENNA都是「客製化」及「獨一無二」，絕對是專屬的圖騰。

縱使同一朵花，畫在不同人身上；不同部位，所展現的樣貌就不同。

即使同樣畫在手上，每個人的手也不同，有的手肉多；有的纖細；有的光潔細嫩；有的留著歲月痕跡；有的……別忘了，畫的當下還有彩繪師與被畫者之間心靈傳遞。

HENNA的迷人之處也就在此，專屬於個人獨特風格，讓妳在生命中留下難忘的一刻。

陳曉薇

Contents

Part 1

HENNA 新娘彩繪

印度的指甲花彩繪是新娘結婚前16項裝飾中，最重要的活動。在新娘身上畫上滿滿的祝福圖騰，希望她未來的婚姻生活一切美滿順遂。

Henna

墜愛流蘇

輕輕為她
披上白色墜飾，
是一整片的手繪流蘇，
滿載唯美喜悅的祝福。

在完成的蕾絲披肩上加上閃亮的水鑽，
華麗感倍增！

ONE AND ONLY LOVE

墜愛流蘇（背部樣式 1）

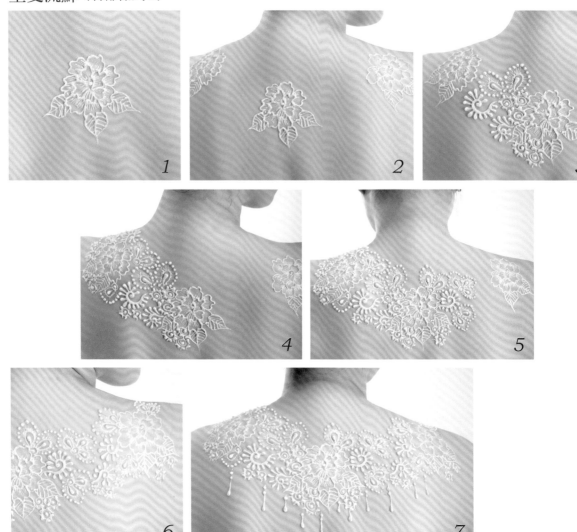

1 先將中心的圖畫上。

2 將兩側肩膀的圖如圖位置畫上。

3 從中心點往左肩的方向開始畫圖騰。

4 將中心點到左肩的空間，圖騰填滿。

5 從中心點往右肩的方向開始畫圖騰。

6 從中心點往右肩的空間，將圖騰填滿。

7 整片背部完成圖騰，最後加上墜飾形成流蘇。

How to make

HAPPINESS LACE

延續背部的流蘇設計，
呼應右肩圖騰的結尾，
以S線條作延伸，
點綴小花增加可愛感，
呈現完美的蕾絲披肩。

墜愛流蘇
（胸口樣式1）

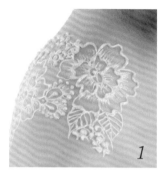 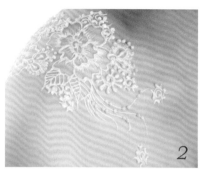

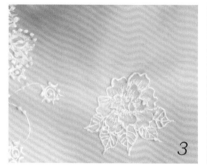 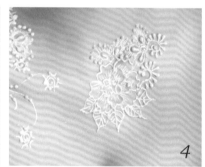 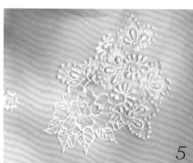

1 從右肩上的圖開始往前胸延伸。

2 右肩圖騰的結尾，加上一些S線條作延伸，點綴些小花增加可愛趣味感。

3 前胸先畫上中心點定位的圖。

4 由中心點的圖往新娘左肩圖騰延伸上去。

5 延伸的圖騰要與後背圖騰呼應。

6 新娘左前方圖騰與後背的圖連成一片。

7 延續後背的流蘇，加上點點形成墜飾。同時呼應右肩圖騰的結尾，加上一些S線條作延伸，
點綴些小花增加可愛趣味感，即完成前、後一整圈的蕾絲披肩。

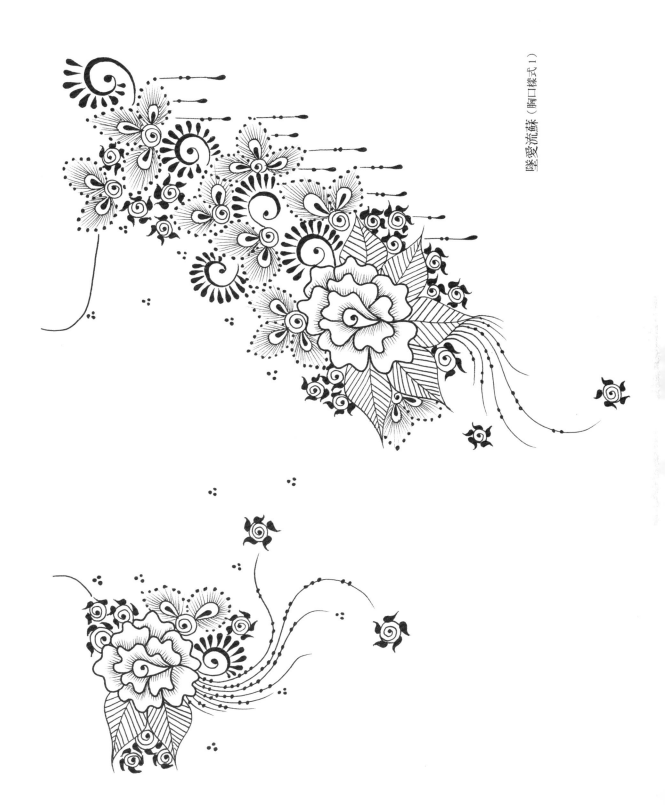

墜愛流蘇（胸口樣式 1）

Henna

雀悅幸福

招來幸福的孔雀，
在新娘的背上跳躍，
為完美的浪漫婚禮，
增添喜悅的溫度。

ROMANTIC
WEDDING

雀悅幸福
（背部樣式2）

1 畫上孔雀。

2 在孔雀的尾端畫上平行線，往上畫朵花。

3 加上孔雀羽毛。

4 在孔雀羽毛內填滿基本款圖騰。

5 在孔雀的頸部旁平行延伸出葉脈。

6 在葉脈上加上些紋路細節。

7 空間處以水滴法組成小花點綴。

How to make

花蝶愛戀

白色的小花蝶，
在新娘的心口快樂飛舞，
像是可愛的邱比特，
帶領新人走向璀璨未來。

FOREVER LOVE

花蝶愛戀（胸口樣式 2）

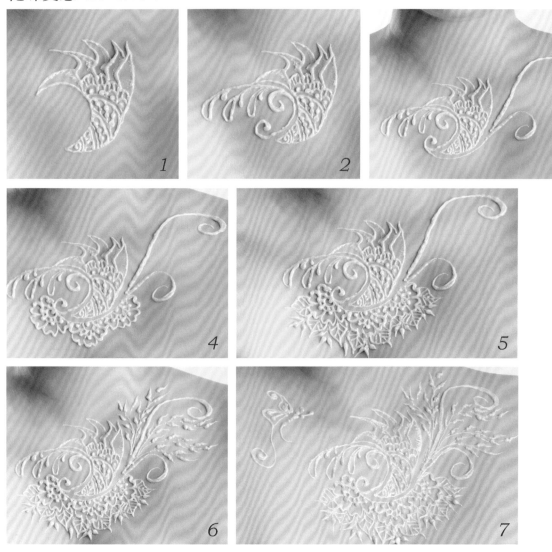

1 從前胸中心畫上。

2 先勾勒出左邊的藤蔓。

3 從前胸中心往新娘左肩拉兩條藤蔓延伸。

4 在藤蔓下方畫上三個半朵花。

5 三朵花的外緣加上葉片。

6 在兩條藤蔓之間，加上葉蔓。

7 在左側空間上，畫上半側蝴蝶。

花蝶愛戀（胸口樣式2）

與胸口連結的成套流蘇設計，
使畫面更為融洽，
打造完美婚禮蕾絲印象的柔美氣質。

MEMORIAL
WEDDING

圖案 / P.115

花蝶愛戀（手臂樣式1）

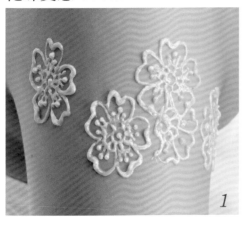
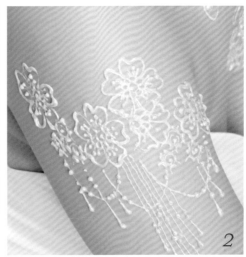

1 高高、低低畫上數朵花。

2 在花朵間加上曲線連結，圖的中心點向下畫直線，形成流蘇狀，兩旁也加上流蘇。

A WEDDING WISH

圖案 / P.114

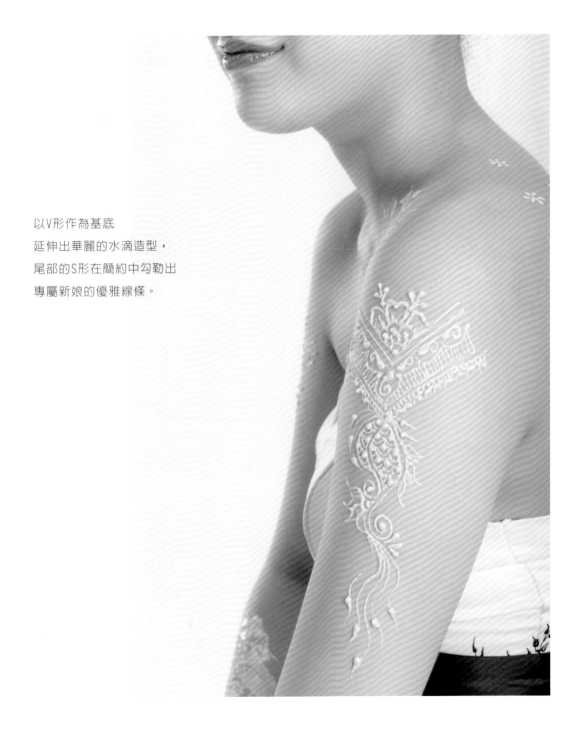

以V形作為基底
延伸出華麗的水滴造型，
尾部的S形在簡約中勾勒出
專屬新娘的優雅線條。

花蝶愛戀（手臂樣式2）

1 V形的開始，上面畫上花的圖樣。

2 V形下緣畫上S形的變化及直線條。

3 V形尖端畫上雙向水滴，加上外緣葉蔓。

4 雙向水滴交叉處，畫上半片花及延伸的葉蔓。

36

Henna

璀璨人生

幸福的鐘聲響起，
走上紅毯，攜手向前，
迎向閃閃發亮的未來吧！

LIFETIME OF HAPPINESS

璀璨人生（胸口樣式3）

1

2

4

5

1 由前領口中心開始構圖。

2 將水滴、藤蔓組成一個項鍊墜。

3 綴飾的下緣畫上流蘇，領口畫上不規則的線條形成項鍊再加上點。

4 貼上紅鑽即成為另一種蕾絲飾品。

How to make

璀璨人生（胸口樣式3）

璀璨人生（背部樣式3）

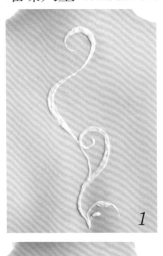

1 背中心畫上藤蔓。

2 藤蔓右下交叉處畫朵水滴花。

3 藤蔓左下交叉處畫朵水滴花，及一些小葉蔓。

4 藤蔓中間交叉處畫朵水滴花，及一些小葉蔓。

5 補上小葉蔓，讓圖的平衡穩住。

Henna

永恆情網

以一格一格的網線設計，
營造與嫁衣相襯的白紗質感，
以愛和信念，
灌溉美麗的未來，
交換幸福的永恆誓約。

JOY, PEACE,
HAPPINESS
AND
LOVE

永恆情網（背部樣式4）

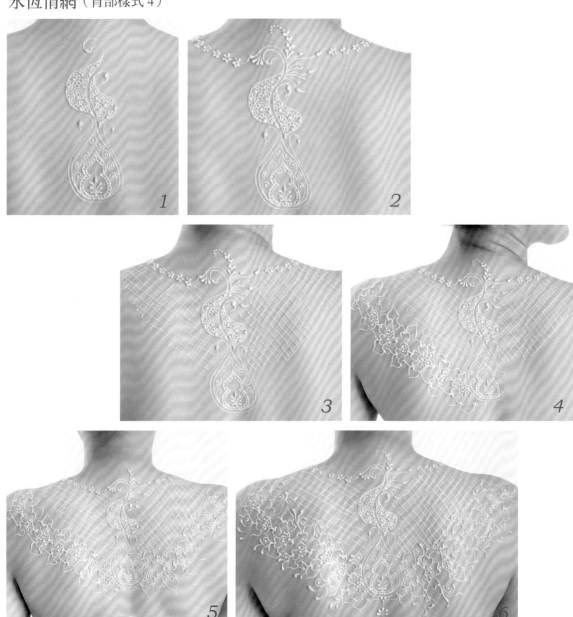

1 由背部中心開始構圖。

2 將領口處畫上小花。

3 背部細網先畫上。

4 由中心向左肩，沿細網邊緣向左肩畫上花與葉。

5 由中心向右肩，沿細網邊緣向右肩畫上花與葉。

6 在花與葉的上下邊緣，加上小的葉蔓。

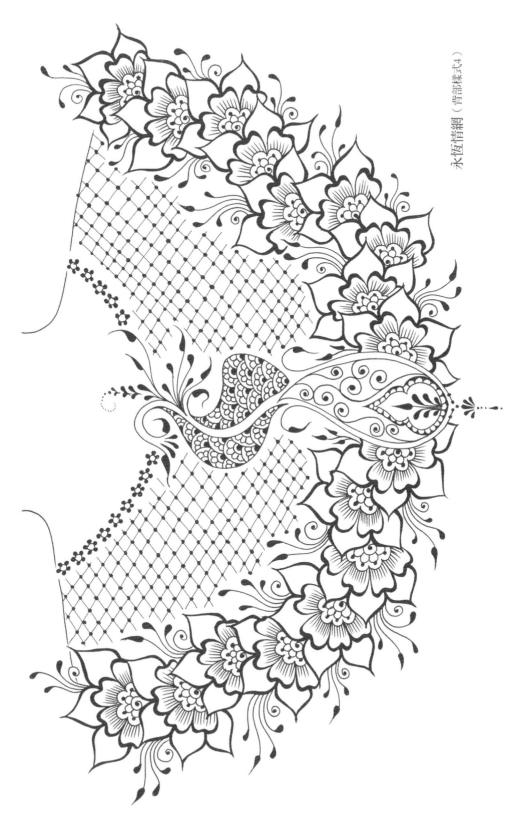

永恆情網（背部樣式4）

45

Henna

幸福遇見

你的一半，
遇見你的另一半，
合而為一，
緣，也就悄悄地圓滿了！

TWO HEARTS
JOINED AS ONE

幸福遇見（胸口樣式4）

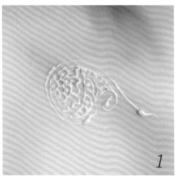

1

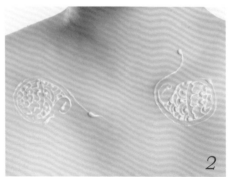

2

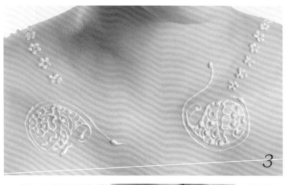

3

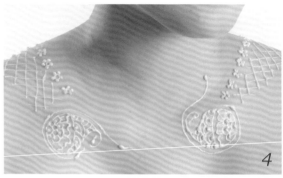

4

5

6

1 在新娘右胸前畫上孔雀定位。

2 在新娘左胸前畫上孔雀定位。

3 將定位的兩點沿著領口處畫上小花，接續到後背的小花處。

4 兩側延接背部細網先畫上。

5 將定位的兩點，沿細網邊緣向左、右肩畫上花與葉。

6 在花與葉的上下邊緣，加上小的葉蔓，即完成前、後一整圈的蕾絲披肩。

Part 2

HENNA 基本技巧

HENNA 基本認識

關於紋身──歷史紀要

說起身體彩繪（Tattoo），那麼就要先回推到1991年10月出現在世界各大報的一則頭條新聞，這則新聞報導提到人們在奧地利與義大利之間的山區發現了一具5000年前銅器時代的冰凍屍體，這具屍體不但保存的相當完整，更特別的是在他身上發現了多處的紋身，這項發現讓人們發覺紋身這項特別的人體彩繪藝術竟然在5000年之前就有了。

在2004年，已有考古學家在土耳其中部，安納托利亞的加泰土丘 Catal Huyuk ，發現西元前7千年前新石器時代的人類，以HENNA來裝飾他們的手，這是當今最早出現HENNA的證據。

古代為何要──紋身

這個問題答起來就比較複雜，因為每個地方的紋身所代表的意義都不盡相同。

在3800年前吠陀經中記載，在吠陀儀式中，祭師以染色用薑黃制成的藥墨，畫在身上的古老習俗。在吠陀時代儀式中，身上塗摸太陽的圖騰，代表人體中內在的能量，也具有「喚醒內在的能量awakening the inner light」的神聖的象徵互動。

以埃及而言，不同的木乃伊身上所代表的象徵意義就不同。

以保存最好的阿姆內（Amunet）木乃伊而言，她是象徵愛之女神哈陶爾女神（Hathor）的祭司，在她身上可以很清楚的發現在手臂的部分有平行的條紋，在肚臍之下更有橢圓形的圖形。這些圖形也在許多雕像上發現，埃及古物學家認為那是一種繁殖與恢復青春的象徵。

中國京劇裡的人物面譜，也可以說是最早期的人體彩繪藝術；紋身流傳到日本，則成為一項特有的人體彩繪藝術。

為了祈禱平安、幸福、古印第安人發明了紋身術；出於同樣的目的，古代非洲、中東等地的人們用各種顏料將自己的身體塗抹得五顏六色。

歷經幾千年，時代的遞嬗，印度和來自世界的不同文化相互激盪，逐漸走出古老的人體彩繪儀式， Mehndi成為集中在手掌、手臂及腳為主流的獨門藝術，特別是一項在印度婚禮中的新娘化妝不可缺的裝飾藝術。

好萊塢新時尚——影歌星的新寵

時至今日印度彩繪HENNA也廣為歐美人士喜愛，早已不只侷限於新娘手上、腳上的圖案，曼海蒂(Mehndi) 彩繪已和時尚結合，彩繪人體的面積更擴大到身體每一個部位，圖案多元變化，創造無限的可能！

1999年瑪丹娜在手上繪滿印度傳統的HENNA彩繪，更使歐美年青人，對印度彩繪趨之若鶩。

彩繪的部位除了手與腳，範圍也擴到肩膀，肚臍，背部等等地方。

為了方便，許多套件式的彩繪組件，也紛紛出現。這項傳統的藝術與美便迅速流行蔓延開。同時，顏色也不在是指甲花僅有的褐色，更發展出如人體彩繪的彩色顏料。這兩年在西方婚禮上，白色的HENNA圖騰更是甚為流行。

紋身彩繪在印度

印度身體彩繪的歷史和起源，歷經千百年來，各民族相互遷徙，要確定HENNA是那一個國家的傳統，由那一個民族開始有HENNA，是非常的不容易。在印度是非常普及的生活化藝術活動。尤其在婚嫁時，都會在新娘的手掌及腳上繪上悅目的圖案作為裝飾，象徵好運的傳統藝術。

印度彩繪與傳統刺青tattoo的永久性紋身不同

彩繪過程不會有刺青的疼痛；不會永遠留存，更可以更換圖樣，是造成其流行的因素。

指甲花是一種棕色的純植物油性顏料，因為不含化學物質，又不會引起痛楚或導致皮膚敏感，所以成人或孩童皆可在身上彩繪。（除了蠶豆症患者不能使用）印度彩繪約可維持七至十四天，直至因新陳代謝將留在皮膚表層的顏料因皮膚的角質脫落而淡去。

婚禮上的指甲花彩繪──新娘定力的考驗與婚後幸福的指標

　　印度彩繪是承繼印度最古老的人體刺青藝術，這項傳統藝術是印度貴族嫁娶時用來祝福之用，因此印度指甲花彩繪是新娘結婚前16項裝飾中最重要的活動。傳統印度文化的準新娘會在出嫁的前一天做彩繪，所以這一天又稱做「曼狄之夜」（Mehndi Function）。

　　彩繪除了顏色是愈深愈好之外，也要讓它能在手及腳上持續較長的時間，因為彩繪的顏色愈深，越能討新娘的婆婆的心；娶進門後，只要彩繪還在，就不用做任何家事，所以彩繪大師的粘著圖案的功力，變成重要的點。

　　新郎也會有適量的彩繪，如兩家族的家徽或姓氏縮寫。

　　彩繪的重要性影響新娘的幸福，要讓新娘未來有一個好的婚姻生活，彩繪是馬虎不得的。彩繪大師還可在圖案中置入雙方的名字，增進新娘與新郎之間的趣味性，打破媒妁婚姻的陌生感的僵局。

　　整個彩繪過程，如同一位印度人所說：「對於一個在進行彩繪的人而言，是一種冥想，也可以說其過程不僅對新娘而言是一個「定力與耐力」的考驗，執行彩繪的人也是在做一項如同修行者的專注訓練。

圖騰的意義

　　常有朋友詢問圖騰的意義及由來。而我查到的資料、文獻幾乎都指向宗教、人格、神格、文化、人種、種性、階層⋯⋯太多的面向來探討。

　　人類文化中，擁有早期古文明的三個國度：古希臘、古中國、古印度，在這些國家早期的歷史文獻中也都可以找到關於圖騰的某些痕跡。

　　我是中國人，對印度圖騰的熱愛，常讓我自問：中國人的圖騰，除了龍、鳳、麒麟，其他的呢？在找尋資料中，許許多多不同角度的解釋，就屬李建軍、王錫賢老師的論述最貼近。在李建軍老師《漢字玄機藏密碼》一書中提到，世界上每個民族幾乎都有自己的圖騰。漢族的圖騰是什麼？他認為漢族的圖騰是漢字。因為祖先已經將圖騰（象形文字）轉化成如今的文字，百家姓圖騰一覽表就是最好的證明。

　　在王錫賢老師《閒話圖騰崇拜》一文中提到：廣義的解釋，圖騰民族的雕刻或圖畫我們都可以視為『文字』，這種耳聞目見，具有符號特質的「圖像記錄」，實為許多象形文字的開端；可通行於人神之間，亦可交流於世俗，作為信息傳達的媒介⋯⋯圖騰是原始社會選用動物（如熊、狼、獅、鷹、蛇、魚等）、植物（如蘆葦、楓樹、椰樹等）或自然現象與自然物（如雲雨、雷電、太陽、月亮、山岳等），作為區別部落血緣、血統的標記，並繪圖當作祖先來崇拜，這種被崇拜的對象或符號，我們稱之為圖騰。

　　我的圖騰起源於印度指甲花藝術，但我相信在我的身體裡流著中國人的血，傳承儒家式的倫理文化，所畫出來的圖騰是屬於獨特的自我。而創作自己的圖騰並把它畫在身上，展現的則是獨特與自信。

認識指甲花

栽培

　　指甲花又名散沫花，是千屈菜科，指甲花屬的一種植物。原產於非洲、南亞及澳大利亞的熱帶與亞熱帶地區。

　　印度身體彩繪所用的指甲花是一種小灌木，高約3至5英呎，花的顏色是淡粉紅色，主要生長在氣候炎熱及乾燥的地方，全世界有超過上百種的指甲花。

用途

　　它的花可以作為香水，樹最上層的葉片被用來作為手與腳彩繪的顏料，最普遍的用法就是用來作為頭髮、皮膚與指甲的染色劑，也可以作為布匹與皮革的染料及防腐劑。指甲花也有抗真菌的作用，可以作為藥草使用。

指甲花的妙用

　　除了作為化妝的顏料之外，還具有幾項神奇的妙用：在炎熱的天氣裡，如果將指甲花放在手掌及腳心的部位，指甲花具有冷卻的功效，這尤其被使用在懷孕的婦女身上。

　　在醫療方面，指甲花被認為具有治療血崩、頭痛、溼疹、結腸癌、肌肉收縮、菌類感染等作用，是極具實用價值的植物。

過敏反應

　　天然的指甲花通常不會引起使用者的過敏反應，只有極少數的人會對指甲花產生過敏的現象，這些過敏反應通常在使用後數小時就會出現，過敏時的症狀包括有皮膚搔癢、呼吸短促、胸部有壓迫感等症狀。某些人產生過敏的反應，並不是由指甲花所引起的，有可能是對和指甲花一起使用的混合溶液，如精油或是檸檬汁產生過敏而引發的。

　　蠶豆症是一種遺傳性的疾病，有蠶豆症的人不可以使用指甲花，因為指甲花會使蠶豆症患者產生溶血反應。對有蠶豆症的兒童，大量的使用指甲花塗抹在頭皮、手掌或腳底等，會引起嚴重的溶血危象，並可能危及患者的生命。一般染髮用的不能用於HENNA手繪，因為多含有合成附加劑會引發炎症。（以上資料參考自網路）

彩繪瓶 & Cone(胡蘿蔔筆袋)

彩繪瓶

　　彩繪瓶大致分成2oz、1 oz、1/2 oz三種尺寸，需搭配針頭使用。

　　坊間彩繪瓶被多數人喜歡，一來是使用上比較不會被溢出的顏料弄髒手，二來是被那些可以替換的粗、細針頭所吸引。

　　針頭的清潔很重要，使用過後的針頭要浸泡在水中，避免顏料乾固後難清洗乾淨。針頭細縫處清潔不易，需搭配使用針管來加強清潔。

HENNA Cone (又稱胡蘿蔔筆袋)

　　因為是人工包裝，所以使用上有時會遇到包裝不佳的顏料。不要因為狀況不佳的顏料影響心情，有幾個方式稍加調整便可以改善狀況。

顏料太稀

在等顏料乾的時候，圖騰就開始擴大、變糊起來，最後太稀的顏料讓圖騰變形。

`建議` 開封後發現顏料太稀，就將顏料晾在空氣中三天（剪開的顏料孔處不用插珠針），三天後檢視，如果稀的狀況恢復正常，就插上珠針。如果仍舊太稀，繼續晾在空氣中，但開始每天檢查，以免乾過頭。

顏料太乾

發現顏料稍乾的時候。

`建議` 如果Cone很飽滿，先在紙上練畫，使用掉些顏料後，拿出針筒，先裝5cc的水，以針頭插回顏料孔向內灌水，切記一定要將顏料按摩一下。如此依照顏料回春的程度，可以重複多試幾回。

顏料內脹空氣

此狀況是最惱人的！

`建議` 將Cone的開口朝上，封口朝下，將顏料輕摔彈在桌上，空氣會被敲彈往上，但不是每回都能輕易成功。如果遇到頑強的顏料，為了好心情就丟掉它吧！如果想和顏料挑戰到底，那最好有心理準備，不是開心灑花慶祝挑戰成功，就是頹喪戰敗。

老祖先的智慧有其道理

兩者使用後，前者瓶子會讓人手疼，畫不了四小時就讓拇指、虎口開始疼痛；後者Cone的包裝，畫了四小時都不會讓人手部疼痛。

長久的使用，前者需使用很大的力道去擠壓瓶子，而後者只需輕壓就可以輕鬆操控顏料。建議依使用習慣及個人喜好選擇。

顏料 DIY──巧克力 Cone

　　想要在物品上畫出立體圖樣，一定要將顏料裝成Cone狀，才能讓畫出的圖呈現立體的美感。這種美，是使用筆平塗所無法表現的，所以為顏料換裝吧！

製作盛裝顏料容器

1 以撕不破的包裝紙裁成 15×25cm。作成一個圓錐形的容器（前端尖，後端圓）。

2 因撕不破的包裝紙容易滑開，先於第一個捲口處黏上膠帶。

3 將包裝紙捲至結束時，為避免筒狀散開，以膠帶黏合，完成！

　　想要在食物、食器上畫出美美的圖騰，巧克力是最方便的材料，我推薦這款巧克力醬，它的濃稠度非常適用。在三角尖端剪小孔即可使用。因為是食物，請少量裝袋，盡量一次用完，未用完的請放到保鮮盒中收藏。屬於食品類，我個人比較喜歡用此法裝，當然使用Cone也是可以的。

將巧克力裝入容器

1 先以手伸入三角形塑膠袋中，再將塑膠袋套於杯中。將巧克力倒入塑膠袋內。

2 將塑膠袋內的巧克力擠往一邊，將塑膠袋袋口紮好後，將塑膠袋尖角剪一個口。

3 將塑膠袋內的巧克力擠入之前作好的容器袋內，並以木棒將材料擠壓至一端，容器內的顏料裝半滿即可。

4 將包裝紙對摺。

5 將左側包裝紙摺入後，再將右側摺入。

6 由包裝紙頂端向下摺。

7 並往下慢慢捲摺包裝紙。

8 於封口黏上膠帶。如此密封的顏料筆可保存三天。

顏料 DIY——壓克力 Cone

壓克力顏料與指甲花粉有一個最大不同處,指甲花粉是研磨的粉,所以有微細顆粒,壓克力是化學顏料調成沒有顆粒,所以兩者需要的畫孔是不同的,如果剪成一樣的孔,壓克力顏料將會畫出較粗的線條。

另外,剪過孔的顏料 Cone,無法使用大頭針將孔封住,請用透明膠帶貼住減緩顏料乾掉。因為壓克力顏料比指甲花易乾,務必將畫筆孔擦拭乾淨,以免再次使用時畫孔被顏料塞住。也因為這個壓克力顏料用量比指甲花顏料少,加上易乾,建議顏料不要包太大支,如果變硬了就無法使用。

彩繪的前置準備 & 畫後保養

前置準備

- 準備工具：顏料 HENNA Cone、衛生紙、濕紙巾、小木棒、棉花棒、珠針。
- 小木棒：可選擇指甲彩繪使用的櫸木棒。
- 衛生紙、濕紙巾是隨時保持 HENNA Cone 畫筆頭清潔及擦拭畫壞的部分。
- 畫壞時請以小木棒及棉花棒清除還未乾的顏料，已經乾的顏料，也表示著色上皮膚，縱使清除顏料仍會留下染痕。（個人覺得櫸木棒比棉花棒更好使用）
- 進行彩繪之前，要彩繪的部位要先清洗乾淨，並去角質，讓著色後顏色留存在皮膚上更持久，亦可用檸檬汁或Henna Oil擦拭，讓毛細孔擴張以利指甲花顏料更好滲透皮膚發揮作用。

畫後保養

- 皮膚彩繪後，短時間內（至少30分鐘）最好不要用水洗，可以維持一個晚上更好（顏料停留的時間愈長，最後的顏色愈深。）
- 可以在圖騰半乾（表層乾了，裡面仍未乾透），使用3M醫療透氣膠帶貼附在圖騰上，在皮膚上包覆一夜，第二天一早卸下3M醫療透氣膠帶，將會有個顯色狀況最好的圖騰（皮膚敏感者，不建議顏料包覆一整夜）。
  可在顏料超過半乾左右，用檸檬汁混合蜂蜜，塗抹在乾掉的圖案上，等再次乾後再塗一次，使其延長乾燥的時間。
- 此方式並可防止HENNA過早乾裂剝落，塗抹在圖案上，薄薄的一層，形成一個保護膜。如此塗七次，顏色將會達到非常深的程度。不過，使用這方法要非常小心，以防暈染，將圖案弄花。
- 當完成整個彩繪過程之後，深褐色顏料乾涸後會裂開剝落，剝落後留在皮膚上的顏色是淡橘色，可以用指甲輕輕剝落顏料，或者以棉籤沾上橄欖油，葵花籽油，浸濕顏料慢慢推掉。

- 第一次洗手請以清水洗，在剛剝落的24小時內顏色會由橘紅色慢慢變深，九成的人24小時之後達到巔峰。一成的人需要48小時慢慢形成最終的染色。顏料停留的時間愈長，最後的顏色愈深。

- HENNA在皮膚的顯色狀況會因為配方、新鮮度、天氣、個人本身狀況而產生不同的效果。身體循環較佳的人顏色會比較深，角質層比較厚的地方（如手掌心和腳掌心）顏色也會比較深。

- 另有關於mehndi油使用的說法：使用在畫之前適度塗抹，還有畫好（顏料剝落）後保養用。個人經驗是，畫之前塗的效果並不明顯，但是畫好（顏料剝落）後再塗會使顯色更漂亮。推測是因為精油使皮膚乾燥，因此染色在角質層上的HENNA顯色更好。

- 另有最陽春的方式，就是在顏料第一次即將乾掉的時候，噴水將圖案再浸濕一次，讓彩繪的指甲花顏料再做第二次吸收，也有加深顏色的作用。

- 在剛剝落之後的24小時內，盡量少碰水、漂白水。

- 避免浸泡在浴缸或按摩浴缸，因為浸泡對皮膚有去角質的作用。

- 避免浸泡在泳池，水中的氯會讓顏料顏色提早褪色。

- 避免浸泡在海水中，海水也會讓顏料顏色完全褪色。

- 染色的淡化，是因為表層的皮膚細胞被代謝掉的關係，所以摩擦等會加速皮膚代謝的動作都會加速圖案的淡化，應儘量避免。

- 如果能注意以上幾點，HENNA彩繪就能保持兩週以上。

顏料 HENNA Cone 天然與化學的分辨

天然指甲花 HENNA Cone

● 天然指甲花植物，研磨成粉染色後，顏色是褐色，褐色深至淺，沒有黑色。
● 是最古老的化妝品之一，非常安全，幾乎不會造成任何不良的反應。
● 新鮮的指甲花HENNA Cone可以放在冰箱保持新鮮度6至12個月。
● 新鮮的指甲花粉聞起來像新鮮的乾草或菠菜，是泥土的綠色或卡其色。
● 如果粉末是淺淺的棕色或沒有氣味，它可能是不新鮮的粉。
● 明亮的綠色粉末有可能是添加的化學染料，添加綠色染料是為了掩飾不新鮮的粉。
● 指甲花粉末對光和熱敏感，儲存指甲花粉末務必密封和保護免受光線、空氣和水分影響。
● 顯色程度及剝落速度，會依彩繪的部位不同（身上四肢顏色最深，越往心臟方向顏色越淡）。
● 大多數上傳網路的圖片都是剛繪畫後拍下來的，HENNA Cone 色料是深褐色的，所以顏色看起來是黑色的，當HENNA色料脫落後，真正的顏色才會顯現出來。

天然HENNA Cone的特徵

● 黏稠狀（顏料是研磨的，會有細微顆粒）。
● 有一種特殊的草味。
● 約15分鐘後開始慢慢風乾，30分鐘後乾透。
● 顏料乾透後，會呈現塊狀剝落。
● 畫上後至少5分鐘以上才會有上色效果。
● 顏料剝除後先顯現淡橘色，慢慢變深，24小時後達到定色效果。
● 維持7至14天。顏色會慢慢漸淡褪去。
● 皮膚會有涼快的感覺。

化學 HENNA Cone

● 膠狀（顏料較細，沒有粉末的顆粒）。
● 有紅棕色、褐色、黑色三種（現在印度有出產色彩鮮豔的化學性顏料）。
● 畫上後即上色，約2至3分鐘後開始乾透。氣味較重，有種化學味。
● 顏料乾透後不會龜裂，呈現可撕薄膜狀，如同保鮮膜般。

- 顏料剝除後直接呈現顏料的顏色。
- 身上任何地方，顏色均是相同。
- 維持7至14天。顏色會呈剝落狀褪去。
- 皮膚敏感者容易產生刺刺、灼熱感，也比較有緊繃的感覺。

黑色天然植物染劑 —— JAGUA

- JAGUA 來自南美洲亞馬遜的天然果實所提煉製造。
- 黏稠狀（顏料較細，不會有顆粒）。
- 深藍到黑色（畫的時候，顏料塗厚些就是黑色），感覺就像是真的刺青紋身效果。
- 有一種獨有特殊的味道（有人形容如：雨林沼澤的氣味）。
- 微乾時，看起來像仙草凍般。
- 約3至5小時候才會乾透。
- 顏料乾透後，無法剝除，需在水下沖開溶解，才能清除乾淨。
- 顏料剝除後完全看不出顏色效果，48小時後達到定色效果。
- 維持10至20天。
- 顏色會慢慢漸淡褪去。
- 因為上色慢，畫圖同時要小心，避免皮膚其他處沾到，等圖顯色時就滿手都是黑色。

新娘白色顏料

- 顏料來自美國及英國，屬於化妝品項產品。
- 約15分鐘後開始慢慢風乾，30分鐘後乾透。有一種化妝品的香料味。
- 顏料風乾後，會緊黏在皮膚上。不會在皮膚上染色。
- 顏料在皮膚上可維持1天。屬於化妝品項，用卸妝清潔。
- 無論使用哪種顏料畫在身上，如果是會染色在皮膚的染料，建議你使用天然的染劑確保安全。
- 使用化妝品的顏料，雖不會染色，但請一定卸除乾淨。
- 請使用天然不含化學PPD的指甲花顏料，以避免可能會導致肝臟和腎臟損害，以及在皮膚上留下疤痕。不好的顏料會讓你的皮膚起水皰，且造成長期損害你的身體，影響健康。

Part 3

HENNA 應用賞析

新娘禮服

在象徵幸福的白紗上，
添加美麗的圖騰及線條，
滿載真心的祝福。

68

Henna

禮盒

喜氣洋洋的囍餅禮盒，
以夢幻的白色圖騰裝飾，
為新人留下獨一無二的愛情紀念。

Henna

幸福御守

送給賓客們作為紀念的御守＆杯墊，
畫著充滿祝福意味的HENNA圖騰，
更能代表新人們的溫暖心意。

Henna

賀卡＆婚禮小物

獨一無二的賀卡＆婚禮小物，
以金色、紅色、愛心圖案為主題，
營造東方人鍾愛的喜氣氛圍。

婚禮蠟燭

利用不同色系的氛圍，營造婚禮主題色彩，
以紅色系展現溫馨感，藍色系則能表現出獨有的時尚風格。

花藝設計／Jardin d'hiver Yen（顏于亭）

WEDDING CANDLES

花藝設計／Jardin d'hiver Yen（顏于亭）

Henna

裝飾紅蛋

象徵著早生貴子的祝福紅蛋，
外型可愛，
又獨具雜貨質感，
是婚禮布置不可少的小創意。

WEDDING EGGS

花藝設計／Jardin d'hiver　Yen（顏于亭）

WEDDING CAKES

Henna

婚禮小甜點

在婚禮會場中準備的小甜點，
若是以可愛的巧克力醬圖騰呈現，
一定能夠得到客人們的讚賞及喜愛喲！

花藝設計／Jardin d'hiver Yen（顏于亭）

Henna

裝飾應用──金粉

搭配可愛的金色系短禮服，
就以金粉增加圖騰的吸睛度吧！
有別於白紗款式的優雅氣質，
金色系則多了些活潑感，
突顯新娘的可愛迷人。

在要灑金粉處塗上身體膠，以筆沾金粉塗
畫在上膠處。

Henna

裝飾應用——水鑽

在畫好的圖騰加上水鑽後，
華麗與貴氣感倍增，
搭配禮服的顏色及款式，
為新娘的背部作出最美的姿態。

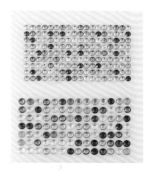

坊間各式水鑽都是很好的
素材，稍加應用即可增添
不同風采。。

Part 4

HENNA 延伸基礎

S 形畫法

當畫完一朵花之後，隨意往外開始擴圖。常有同學問：「怎麼怪怪的？該如何接續？該怎麼畫？」我希望是隨大家的「心」，畫自己的圖。但是，注意小地方，就能讓大家更得心應手喔！

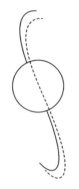

將一朵花當中心主圖，畫出S形貫穿花朵。

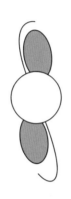

順S形弧度往旁加畫。

學員最常出現的狀況。

開始往外增畫圖時就發現平衡、協調的問題。

解釋
S形

是一種對稱，無論是上下或左右。

一般來說，許多人認為的對稱就是「鏡射」，也即是水平翻轉、垂直翻轉。我認為可以隨個人喜好的圖騰來表現，在此以印度式的圖騰加上範例說明如下：

採用四種不同元素表現來表達S形，相信不用多說您都能感受到，呈現出流暢的動態美感。

圖騰最初表現是在人體上，隨著身體各部位的曲線，搭上美麗的圖騰，是一種流動的、立體的、動感的圖騰。我也非常喜歡這種流暢的奔放感。

大家來試試看，拿起筆在所畫的圖騰中加入S形的動感，是否將會有所不同？是否更流暢自然、更隨心所欲？將一些常見的元素加上範例說明如下：

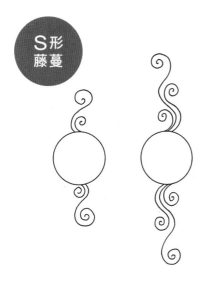

貫穿中間的花朵呈現S形，藤蔓本身也是一個S形概念。

孔雀頭（水滴、變形蟲）的彎鉤部分要有S形的對稱，無論再加上其他圖或藤蔓依然是一種柔軟的美。

無論中間的主圖是花朵還是其他圖騰，往上、往下延伸的水滴。

加上的花朵或其他圖騰，依然保持S形。

S形
隨處在　如葉子、火焰、蓮花……

當外形加上藤蔓延續圖騰
時，依然別忘記S形。

除了S形之外的鏡射對
稱，利用葉苗的外圍畫出
寶塔的圖形。

以及利用線條粗細的變
化，將一個簡單的圖形也
變得很不一樣。

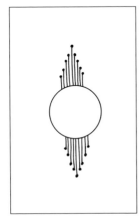

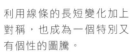

利用線條的長短變化加上
對稱，也成為一個特別又
有個性的圖騰。

利用水滴的長短及曲線角
度的變化，同樣配上對稱
也成為一個特別的圖騰。

延伸學習──圓形

常有同學問:「想畫些大一點的圖,但始終不知如何下手?」

教大家一個自我練圖的方式,在此以三種圖解說:圓形、三角形、四角形。

將這些方式多練幾遍,各種圖畫來都會輕鬆不少,也會成就感十足。

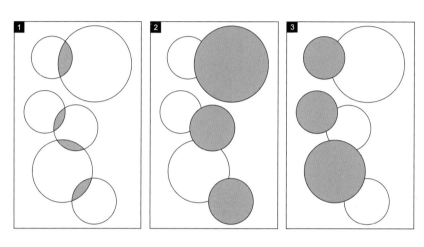

step *1*

在紙上畫上大、小圓數個,可以使用圓規、杯蓋或徒手畫。選擇你想畫的位置,可以
使兩圓相疊出重疊部分,如圖 1 。也可以選擇其中幾個完整的圓來畫如圖2、圖3。

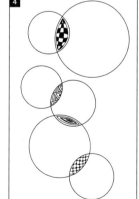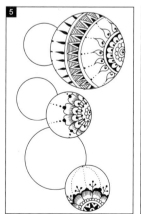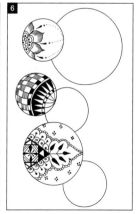

step *2*

依選擇,畫上圖騰成為圖4
至圖6。

接下來,你想如何畫?請隨心自由畫。

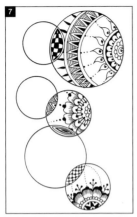

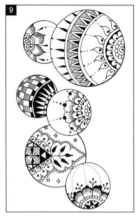

step **3**

將圖4＋圖5即完成圖7。

step **4**

將圖4＋圖6即完成圖8。

step **5**

圖5在上方壓圖6即完成圖9。

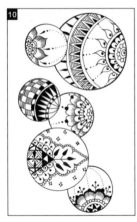

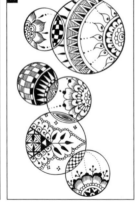

step **6**

圖6在上方壓圖5即完成圖10。

step **7**

若將圖4＋圖5＋圖6全部合併即完成圖11，到此就已經完成無數可能的圖。

step **8**

如果仍意猶未盡，接下來，畫上外圍，如圖12。

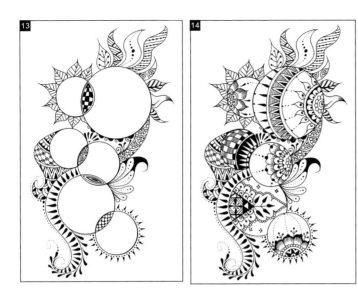

step **9** 　再將先前構思的圖4至圖11與外圈圖12相連接，將會呈現圖13至圖16的結果。

看似簡單的邏輯組合，
所有的圖都在你的腦海，
想怎麼畫？
怎麼重疊、組合？
全在自己腦海。
每個人畫出來的圖不會相同，
自己每次畫出來的圖也絕對不會一樣。
拿起筆來畫一個自己獨有的圓形圖吧！

延伸學習——三角形

嘗試過圓形後，換個方式來試試三角形。

在紙上畫上大、小三角形數個，可以使用尺也可以徒手畫。

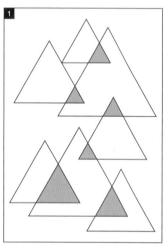 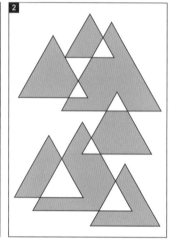

step *1*

選擇你想畫的位置，可以是兩個三角形的重疊部分，如圖 1。也可以是與重疊相反的位置來畫，如圖 2。

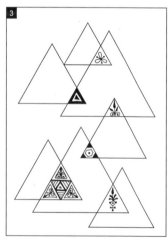 

step *2*

依選擇，畫上圖騰成為圖 3、圖4。

step *3*

將圖3＋圖4合併即完成圖
5。

step *4*

接下來，將三角形外圍聯起
來，畫上外圍成為圖6。

step *5* 將先前構思的圖3至圖5與畫上外圍的圖6相連接，將會呈現圖7至圖9的結果。

相似的組合邏輯方式，三角形與圓形，還是可以呈現不同風貌。
想怎麼畫？怎麼重疊、組合？全在自己腦海。
拿起筆來，換一種方式畫一個自己獨有的三角形圖吧！絕對有想不到的情景。

延伸學習——四角形

嘗試過圓形後、三角形後，再試試四角形。
在紙上畫上大、小四角形數個，可以使用尺也可以徒手畫。

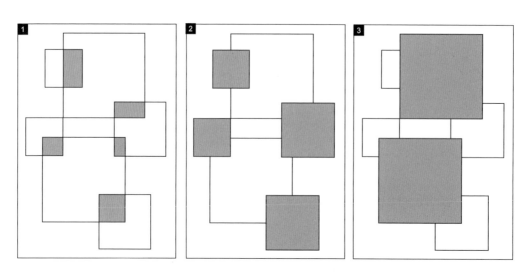

step *1*

選擇你想畫的位置，可以是兩個四角形的重疊部分，如圖1。
也可以選擇其中幾個完整的四角形來畫，如圖2、圖3。

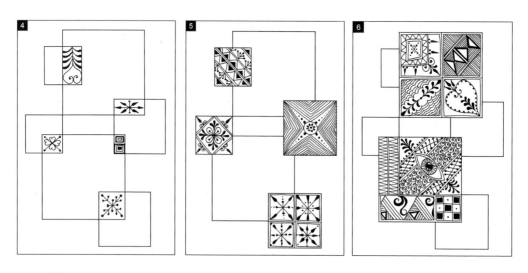

step *2* 依照自己的選擇，畫上圖騰成為圖4至圖6。

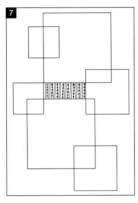

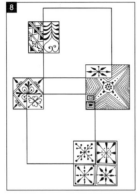

step *3*

還會有一個重疊後中間
出現的空間，如圖7。

step *4*

接下來，一樣來做組合
練習，將圖4＋圖5即完
成圖8。

step *5*

將圖4＋圖6即完成圖
9。

step *6*

圖5在上方壓圖6即完成
圖10。

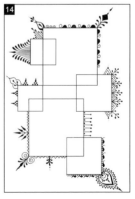

step *7*

圖6在上方壓圖5即完成
圖11。

step *8*

將圖4＋圖5＋圖6合併
即完成圖12 。

step *9*

再與圖7合併即完成圖
13，到此就已經完成無
數可能的圖。

step *10*

如果仍意猶未盡。接下
來，仍然是再畫上外圍
圖14 。

step **11** 再將先前構思的圖4至圖13與外圈圖14相組合，將會呈現圖15至圖24的結果。

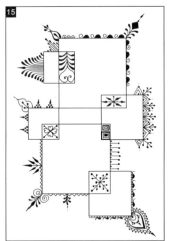 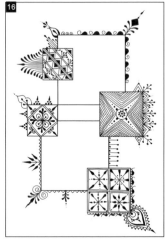 

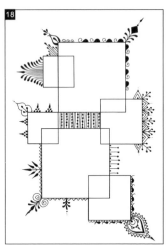 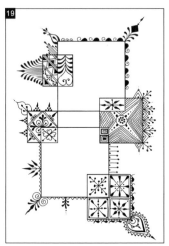 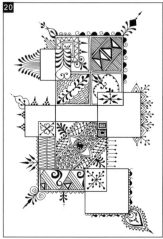

方法説穿了很簡單，你一定要來試試看，神奇的效果等
你來發現——

重新排列、組合，在數學的公式中是很簡單的一件事，
但是，決定排列、組合的圖形、順序在你腦中。沒有畫
出來之前，誰也沒有答案。

重申：將這些方式多練幾遍，各種圖形畫來都會輕鬆不
少，也會成就感十足。

Part 5

HENNA 圖案集

美麗的圖騰人人愛，學畫的過程總是從臨摹開
始，臨摹畫者優點之處，加上自身的意念喜
好，創造出屬於自己的圖騰，希望讀者能由
我的創作中，開啓屬於你的圖騰，共同浸吟在
HENNA的世界中。

108

109

114

封面圖案

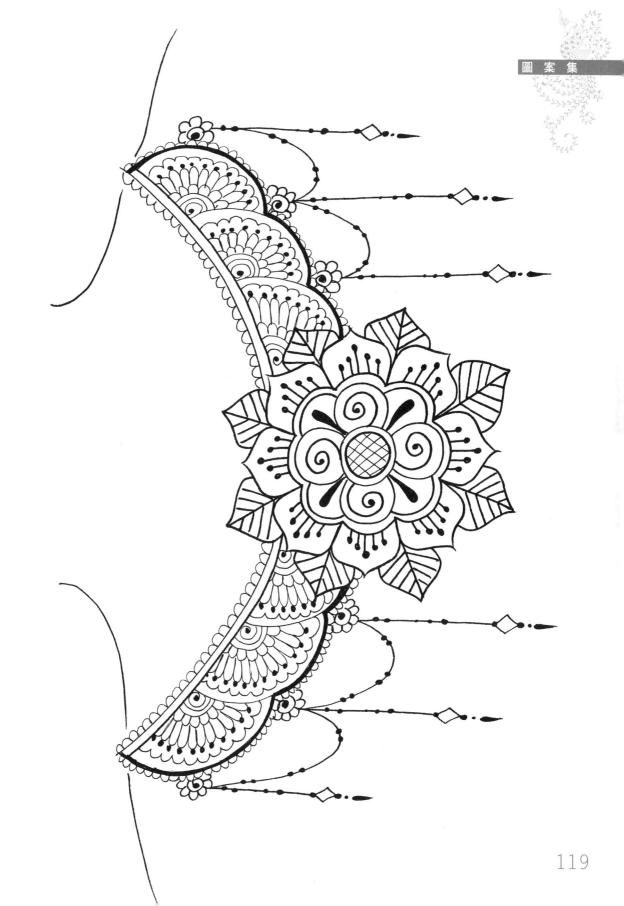

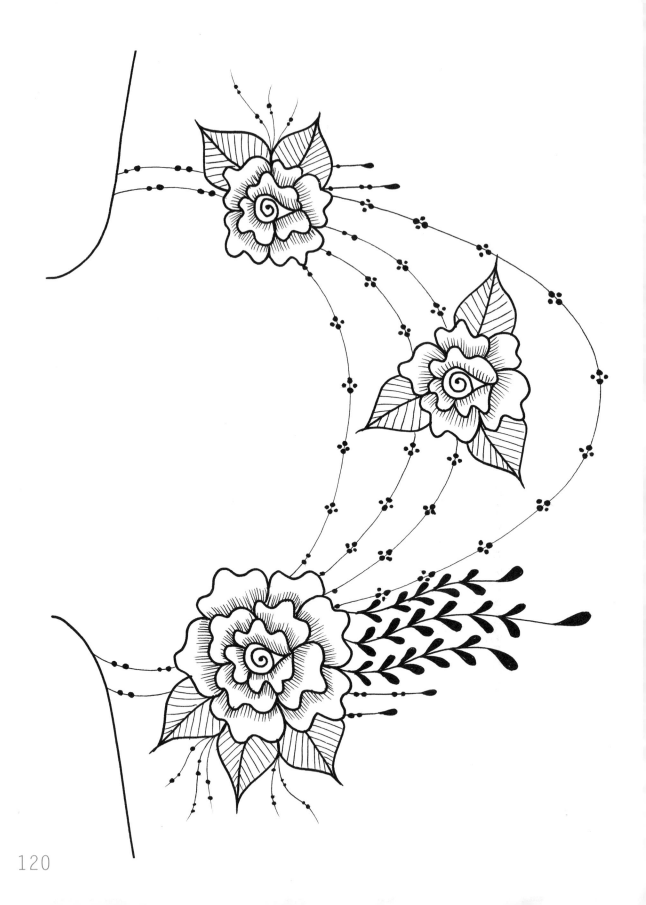

國家圖書館出版品預行編目(CIP)資料

HENNA手繪召喚幸福的圖騰. 2, 完美婚禮的祝福系
蕾絲花紋：新娘婚紗圖騰、囍餅造型、婚禮布置、
禮物巧思,心意滿滿的實用手作BOOK / 陳曉薇著.
-- 初版. -- 新北市：良品文化館, 2015.09
　　面；　公分. -- (手作良品；37)
ISBN 978-986-5724-47-4(平裝)
1.人體彩繪

425　　　　　　　　　　　　　　　104015249

手作✋良品　37

HENNA手繪召喚幸福的圖騰2
完美婚禮的祝福系蕾絲花紋

新娘婚紗圖騰、囍餅造型、婚禮布置、禮物巧思，
心意滿滿的實用手作BOOK

....

作　　者／陳曉薇
發 行 人／詹慶和
總 編 輯／蔡麗玲
執行編輯／黃璟安
編　　輯／蔡毓玲・劉蕙寧・陳姿伶・白宜平・李佳穎
執行美編／周盈汝
美術編輯／陳麗娜・翟秀美
攝　　影／數位美學 賴光煜
模 特 兒／謝寧芷
化妝造型協助／賴文玲
花藝設計／Jardin d'hiver Yen（顏于亭）
出 版 者／良品文化館
發 行 者／雅書堂文化事業有限公司
郵撥帳號／18225950 戶名：雅書堂文化事業有限公司
地　　址／220新北市板橋區板新路206號3樓
電　　話／（02）8952-4078
傳　　真／（02）8952-4084
網　　址／www.elegantbooks.com.tw
電子郵件／elegant.books@msa.hinet.net
....
2015年9月初版一刷　定價450元

....
總經銷／朝日文化事業有限公司
進退貨地址／235新北市中和區橋安街15巷1號7樓
電話／（02）2249-7714　　傳真／（02）2249-8715
....

NARUKO.com.tw

瓶子內的效果　遠比瓶子外的裝飾來的重要
而皮膚以內的　遠勝過外表所呈現的樣貌

京城之霜

尊寵奢護　永恆凍齡
週週抗痕　皺減回春

京城之霜
60植萃十全頂級精華霜 $2800

專為亞洲女性量身訂製．能深入肌膚底層．逆轉肌齡
1週後100%受試者緊緻度提升近2成．4週後緊緻度直逼3成
週週持續緊實澎潤．緊緻無瑕．Q彈年輕

由弘光科技大學於2014年7月29日至8月26日．針對35～50歲共14位女性使用京城之霜60植萃十全頂級精華霜．所提出之皮膚有效性研究

Henna